图书在版编目（CIP）数据

天地之间，睡梦之时：动物宝宝养育之书 . 嘘！别
吵醒动物宝宝 : 睡眠之书 /（美）玛丽·巴特恩著；
（美）希金斯·邦德绘；张玫瑰译 . -- 成都：四川科学
技术出版社，2023.5
ISBN 978-7-5727-0871-8

Ⅰ . ①天… Ⅱ . ①玛… ②希… ③张… Ⅲ . ①动物 -
儿童读物 Ⅳ . ① Q95-49

中国国家版本馆 CIP 数据核字 (2023) 第 022693 号

著作权合同登记图进字 21-2022-394 号

天地之间，睡梦之时：动物宝宝养育之书
TIANDI ZHI JIAN，SHUIMENG ZHI SHI：DONGWU BAOBAO YANGYU ZHI SHU

嘘！别吵醒动物宝宝：睡眠之书
XU！BIE CHAOXING DONGWU BAOBAO：SHUIMIAN ZHI SHU

著　　者　[美]玛丽·巴特恩
绘　　者　[美]希金斯·邦德
译　　者　张玫瑰
出 品 人　程佳月
内容策划　孙铮韵
责任编辑　张湉湉
助理编辑　朱　光　钱思佳
封面设计　梁家洁
责任出版　欧晓春
出版发行　四川科学技术出版社
地　　址　成都市锦江区三色路 238 号　邮政编码 610023
　　　　　官方微博 http://weibo.com/sckjcbs
　　　　　官方微信公众号 sckjcbs
　　　　　传真 028-86361756
成品尺寸　245 mm×210 mm
印　　张　2.5
字　　数　50 千
印　　刷　河北鹏润印刷有限公司
版　　次　2023 年 5 月第 1 版
印　　次　2023 年 5 月第 1 次印刷
定　　价　180.00 元（全 4 册）
ISBN 978-7-5727-0871-8

天地之间，睡梦之时：动物宝宝养育之书

嘘！别吵醒动物宝宝：

睡眠之书

[美]玛丽·巴特恩/著

[美]希金斯·邦德/绘

张玫瑰/译

四川科学技术出版社

谨以此书献给我的女婿纪尧姆，他拍摄的照片揭开了世界沉睡的一角。

——玛丽·巴特恩

献给我那初到人间的孙女，阿丽克西斯·玛丽亚·邦德。快睁开你的眼睛，看看这个世界吧！

——希金斯·邦德

特别感谢：

澳大利亚詹姆斯·库克大学海洋生物学与水产养殖科学的教授霍华德·乔特

美国加利福尼亚州州立大学长滩分校的查尔斯·T. 柯林斯

巴拿马史密森尼热带研究所的D. 罗斯·罗伯逊

——玛丽·巴特恩

嘘！请别吵醒书中的动物们，它们正在睡觉呢！

每个人都要睡觉，其他哺乳动物也要，比如熊、鲸鱼、蝙蝠、大猩猩。鸟儿、鱼、蛇、昆虫也得睡觉。它们的睡法各不相同。

所有动物都得睡觉，有的睡得可久了，有的睡一小会儿就够了。

动物们如果累了，只要睡上一觉，就又精神啦。它们会找个舒服的姿势睡觉。完全睡着之后，它们可安静了，不像醒着的时候，总动来动去的。有的动物睡得深，声音再大也吵不醒它们。有的动物睡得浅，一听到风吹草动，就马上醒了过来。

大的哺乳动物睡得少，小的哺乳动物睡得多。非洲大象一天只睡3至4个小时。大多数猫科动物要睡12个小时左右，也就是半天。刚出生的人类宝宝得睡16至18个小时，而多数大人睡上8个小时就够了。人类宝宝还不是睡得最多的呢，有的蝙蝠每天要睡将近20小时！

掠食动物一般睡得比猎物多。掠食动物就是捕食猎物的，猎物则是被捕食的。

狮子白天睡得很多。在非洲大草原上，狮子吃饱了，就会睡上一觉。它们睡得可熟了，不怕被吵醒。是啊，谁敢去打扰一只沉睡的狮子呢？

白天时，羚羊和其他食草动物几乎从不睡觉，它们得时刻保持警惕，万一狮子或别的掠食动物来了，它们可得赶紧逃跑！

动物睡觉的地方五花八门。

非洲维龙加山脉中，住着快要灭绝的山地大猩猩，它们睡在用树叶和树枝筑成的巢里。每天晚上，每只山地大猩猩都会换一棵树，再筑一个新巢。

大猩猩幼崽只在三岁以前会跟妈妈一起睡觉。魁梧的银背大猩猩是家族的首领，它把巢筑在地面上，守在树底下保护家人。

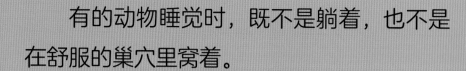

有的动物睡觉时，既不是躺着，也不是在舒服的巢穴里窝着。

三趾树懒生活在中美洲和南美洲的热带雨林中，喜欢倒挂在树枝上睡觉。它们趾上的爪子是倒钩状的，又长又锋利，正好可以勾住树枝。

晚上，三趾树懒睡着了，体温会渐渐降下来。早晨，太阳出来了，晒得它们暖洋洋的，体温就又升回来了。

马儿可以躺着睡、卧着睡、站着睡，可它们通常都站着睡，把前腿和后腿都夹得紧紧的，这样就不会摔倒了。它们每天只睡 3 个小时左右，这 3 个小时还不是连着睡的。在一天的 24 小时里，它们一犯困，就会打个盹儿，一次只睡几分钟。

有的动物晚上睡觉，有的动物白天睡觉。

白天活动、夜里睡觉的动物叫"昼行性动物"。大多数人类是昼行性动物。猎豹、老鹰和长颈鹿也是。

白天睡觉、夜里活动的动物叫"夜行性动物"。猫、老鼠和猫头鹰就是夜行性动物。

大多数食蚁兽是夜行性动物。清晨，南美洲的大食蚁兽卷起蓬松的长尾巴，像毯子一样裹住自己，舒服地睡上一整天。到了晚上，大食蚁兽睡醒了，就出去找吃的。它最喜欢吃的是蚂蚁，当然还有白蚁。

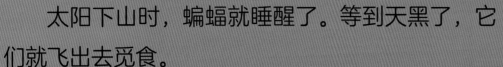

太阳下山时，蝙蝠就睡醒了。等到天黑了，它们就飞出去觅食。

有的蝙蝠住在洞穴里，白天倒挂在洞顶上睡觉。有的蝙蝠住在谷仓里，白天倒挂在横梁上睡觉。有的蝙蝠住在树上，白天倒挂在树枝上睡觉。到了晚上，它们就都飞出去找吃的。

小棕蝠生活在北美洲，是那儿常见的本地蝙蝠之一。白天，它们有时会栖息在阴暗潮湿的地方，比如洞穴。晚上，它们会飞出去找吃的。它们以昆虫为食，专吃夜间活动的虫子。小棕蝠的体重不到 14 克，每天晚上吃掉的昆虫加起来，都能有它一半重呢！

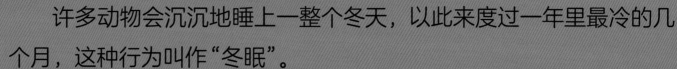

许多动物会沉沉地睡上一整个冬天，以此来度过一年里最冷的几个月，这种行为叫作"冬眠"。

北极土拨鼠和刺猬都是会冬眠的动物。从夏末开始，冬眠的动物就会大量进食，准备过冬。到入冬的时候，它们全都吃得圆滚滚的，身上囤足了脂肪。

北极地松鼠会不停地吃东西，直到体重增加近一倍，然后它会在地上挖个洞。冬天到了，它就钻进洞里，蜷缩成一团。这时，它的体温会慢慢下降到接近零度，心跳也慢了下来。就这样，北极地松鼠进入了漫长的酣眠。每过几个星期，它会醒一次，在洞里翻几下身，接着继续睡去。

冬天，动物找不到食物，冬眠可以帮它们扛过严寒。

夏天，美洲黑熊会大量进食，为抵御寒冷做好准备，它们的体重每周最多能增加 13.6 千克。秋天来了，美洲黑熊会找一处地洞、山洞或树洞，在里头筑窝。筑好了窝，它就躺进去，蜷缩成一团，准备冬眠。

冬眠期间，美洲黑熊的心跳会变慢，体温也会降低好几摄氏度。它可以连续睡一百天，不吃、不喝、不排泄、不动弹很长一段时间。可要是有人吵到它，它随时都可能醒过来。

昆虫睡觉的方法和大多数动物都不一样。它们会进入一种静息的状态，这叫作"蛰伏"。

蛰伏和冬眠不同，蛰伏的昆虫睡得不那么深，时间也不那么长。昆虫进入蛰伏期后，行动会变迟缓，身体也不再生长了。

新西兰的山里，生活着一种叫作"巨沙螽"的蝗虫，最大的有 15 厘米长。它是世界上最重的昆虫，体重可以达到一只老鼠的两倍。夜里，山区的温度会降到零度以下。不过，巨沙螽才不怕！它在夜晚会变得硬邦邦的，跟一个冰块似的。早晨，它会慢慢"解冻"，变回一只正常的昆虫，开心地爬来爬去。

天气太热，蛇要睡觉。天气太冷，蛇也要睡觉。它们会钻进安全的巢穴里入睡。

在沙漠气候地区，蛇虽然平时会在太阳底下活动，但到了一天中最热的时候，它们就会找一处阴凉的角落，躲起来休息。在气候寒冷的地区，只要一入冬，粗鳞响尾蛇、黑鼠蛇和束带蛇就会进入冬眠。

在加拿大的曼尼托巴省，几千条红边束带蛇生活在一起，每年都要爬回地下两米处的大洞穴，冬眠八个月。它们的洞穴要够深才行，万一离冰冷的地面太近，红边束带蛇会被冻死的。在洞里，好多蛇叠在一起取暖，有时它们能叠到 60 厘米高哩！到了春天，它们就从洞里爬出来，到地面上晒晒太阳，暖暖身子。

鸟儿大多睡得浅，一点儿声响就能将它们吵醒。

许多鸟儿困了，就会飞回鸟巢里，把喙插入翅膀底下，呼呼大睡。有的鸟儿单腿站在枝头上睡觉，有的鸟儿浮在水面上睡觉，有的鸟儿还能边飞边睡。

雨燕的一生几乎都在空中度过。有些雨燕连续飞了两三年，才从天上下来，落在悬崖、大树或房子上孵蛋。它们困了，会在 3 千米的高空，一边慢悠悠地飞，一边睡觉。有些雨燕一生能飞 450 万千米，相当于绕了地球 100 圈。

生活在海洋里的哺乳动物一天能睡好多次，每次时间都不长。

海豚和鲸这种生活在海洋里的哺乳动物，经常要浮出水面呼吸。当它们困了，会游到靠近海面的地方睡觉，等它们该换气了，就能马上浮出水面呼吸。

海豚可以一边游，一边小睡一会儿。它每次只让半边大脑入睡，另一半大脑醒着，到了该换气的时间，就提醒自己浮出水面，呼吸新鲜空气。每天，海豚会断断续续地睡上8小时。

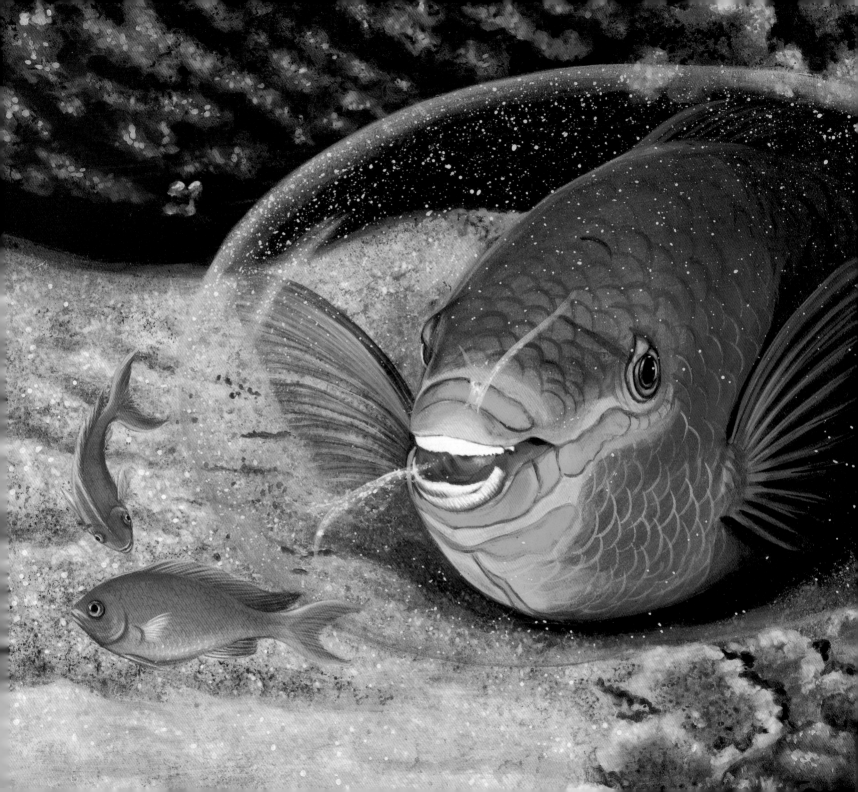

鱼儿会游到天敌找不到的地方睡觉。

　　有的鱼儿躲进水底的石头缝里睡觉，有的鱼儿藏到水草深处睡觉，有的鱼儿钻进水底的沙子里睡觉，还有的鱼儿漂浮在水中睡觉。睡觉时它们会偶尔轻轻地动一动身子，摆一摆鳍。大多数鱼儿都没有眼皮，它们是睁着眼睛睡觉的。

　　在加勒比海的珊瑚礁中，生活着一群漂亮的鹦嘴鱼，它们会给自己做黏液茧"睡袋"。科学家认为，这种"睡袋"可以保护鹦嘴鱼免受天敌的伤害。鹦嘴鱼的鳃盖下长着独特的腺体，每天晚上会分泌黏液，形成一个新的茧，将鹦嘴鱼包裹起来。第二天早上，鹦嘴鱼睡醒了，就扭呀扭地钻出"睡袋"，游出去找吃的。

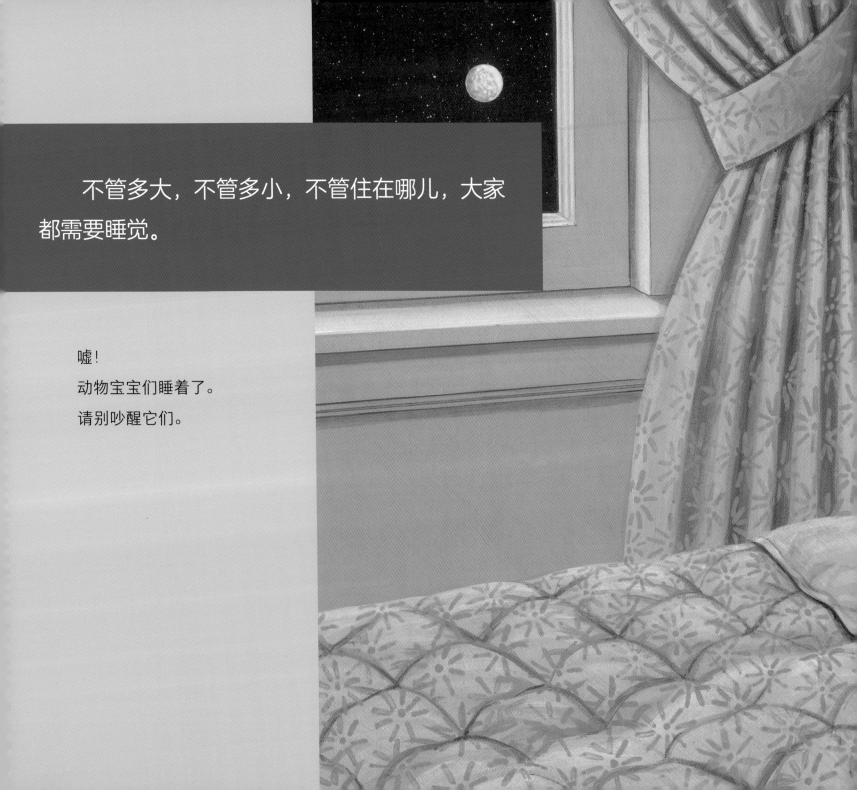

不管多大，不管多小，不管住在哪儿，大家都需要睡觉。

嘘！
动物宝宝们睡着了。
请别吵醒它们。